AGUA
Saneamiento y Salud

AUTORAS

Gloria del Rocío Molina Moreno
Ana del Mar Moreno Serrano
Mª Auxiliadora Gómez Pacheco

NOTA

El conocimiento científico-técnico se encuentra en constante desarrollo. Conforme surjan nuevos conocimientos, se requerirá incorporar estos al proceso científico-técnico. Los editores y los autores se han esforzado para que los conocimientos contenidos en este libro sean precisos y acordes con lo establecido en la fecha de publicación. Sin embargo, ante los posibles errores humanos, cambios y desarrollo de los conocimientos científico-técnicos, ni los editores ni cualquier otra persona que haya participado en la preparación de la obra garantizan que la información contenida en ella sea precisa o completa; tampoco son responsables de los errores u omisiones, ni de los resultados que con dicha información se obtengan. Los editores y autores no pueden garantizar la exactitud de toda la información contenida en este libro referida a la aplicación de técnicas, procedimientos o conocimientos. En cada caso individual el lector deberá verificar esta información y contenidos expuestos, mediante la consulta de la literatura pertinente.

Título de la obra: *AGUA: Saneamiento y Salud*
Editado por Molina Moreno Editores.
TODOS LOS DERECHOS RESERVADOS, respecto a la presente edición, por
MOLINA MORENO EDITORES © 2015
molina.moreno.editores@gmail.com
Primera edición: Febrero 2015
Gloria del Rocío Molina Moreno
Ana del Mar Moreno Serrano
María Auxiliadora Gómez Pacheco
Coordinador editorial: Diego Molina Ruiz
ISBN-13: 978-1537178813
ISBN-10: 1537178814
Impreso en Estados Unidos - United States Printed

Todos los derechos reservados. Este libro o cualquiera de sus partes no podrán ser reproducidos ni archivados en sistemas recuperables, ni transmitidos en ninguna forma o por ningún medio, ya sean mecánicos o electrónicos, fotocopiadoras, grabaciones o cualquier otro sin el permiso previo de los titulares del Copyright. Las imágenes han sido cedidas por los autores y se prohíbe la reproducción total o parcial de las mismas.

Dedicatoria

A todos nuestros lectores, familiares, amigos, compañeros, alumnos, vecinos y demás personas que siempre han creído en nuestra dedicación y esfuerzo para conseguir nuestros objetivos, mostrándonos continuamente todo su apoyo y consideración desde el inicio de nuestro proyecto.
¡Salud y Ánimo!

AGUA: Saneamiento y Salud	Molina Moreno Editores

Prólogo

Sobre todas las consideraciones debemos tener en cuenta que el acceso al agua potable es fundamental para la salud, uno de los derechos humanos básicos y un componente de las políticas eficaces de protección de la salud.

Por ello, la importancia del agua, el saneamiento y la higiene para la salud y el desarrollo han quedado reflejados en los documentos finales de diversos foros internacionales sobre políticas, entre los que cabe mencionar los relativos a la salud, como la Conferencia Internacional sobre Atención Primaria de Salud que tuvo lugar en Alma Ata, Kazajstán (ex- Unión Soviética) en 1978. También cabe mencionar conferencias sobre el agua, como la Conferencia Mundial sobre el Agua de Mar del Plata (Argentina) de 1977, que dio inició al Decenio Internacional del Agua Potable y del Saneamiento Ambiental, así como los objetivos de la Declaración del Milenio adoptada por la Asamblea General de las Naciones Unidas (ONU) en 2000 y el documento final de la Cumbre Mundial sobre el Desarrollo Sostenible de Johannesburgo de 2002. Más recientemente, la Asamblea General de las Naciones Unidas declaró el periodo de 2005 a 2015 como Decenio Internacional para la Acción «El agua, fuente de vida».

Así pues, el acceso al agua potable es una cuestión importante en materia de salud y desarrollo en los ámbitos nacional, regional y local. En algunas regiones, se ha comprobado que las inversiones en sistemas de abastecimiento de agua y de saneamiento pueden ser rentables desde un punto de vista económico, ya que la disminución de los efectos adversos para la salud y la consiguiente reducción de los costos derivados son superiores al costo de las intervenciones. Esto es cierto para diversos tipos de inversiones, desde las grandes infraestructuras de abastecimiento de agua al tratamiento doméstico del agua. La experiencia ha demostrado asimismo que las medidas destinadas a mejorar el acceso al agua potable favorecen en particular a los pobres, tanto de zonas rurales como urbanas, y pueden ser un componente eficaz de las estrategias de mitigación de la pobreza.

Entre los periodos 1983–1984 y 1993–1997, la Organización Mundial de la Salud (OMS) publicó las ediciones primera y segunda de las Guías para la calidad del agua potable, en tres volúmenes, basadas en normas internacionales anteriores de la OMS. En 1995, se decidió iniciar un proceso de revisión continuada para el desarrollo adicional de las Guías. Este proceso dio lugar a la publicación, en 1998, 1999 y 2002, de apéndices a la segunda edición de las Guías, relativos a aspectos químicos y microbiológicos; a la publicación de un texto acerca de las Cianobacterias tóxicas en el agua, y a la elaboración de exámenes de expertos sobre cuestiones clave, en preparación para la elaboración de una tercera edición de las Guías.

En el año 2000, se acordó un plan pormenorizado para la elaboración de la tercera edición de las Guías.

Como en las ediciones anteriores, la responsabilidad ha sido compartida por la Sede de la OMS y la Oficina Regional de la OMS para Europa (EURO). Han dirigido el proceso de desarrollo de la tercera edición el Programa de Agua, Saneamiento y Salud, de la Sede, y el Centro Europeo para el Medio Ambiente y la Salud, de la EURO, con sede en Roma. En la Sede de la OMS, el Programa de Fomento de la Seguridad Química colaboró en aspectos relativos a los peligros de tipo químico, y el Programa de Fomento de la Seguridad Radiológica ayudó a redactar el apartado que trata las cuestiones radiológicas. Participaron en el proceso de desarrollo las seis Oficinas Regionales de la OMS.

Centrándonos en la actual publicación se describen el agua en el medioambiente, la relación entre el agua y la salud, las aguas de consumo público y por último las aguas residuales, su tratamiento y el impacto ambiental.

En la elaboración de la presente edición se incluye una revisión en profundidad de los métodos utilizados para garantizar la calidad e inocuidad microbiológica. Esta revisión tiene en cuenta importantes novedades en la evaluación de los riesgos microbiológicos y el modo en que afectan a la gestión del agua.

En nuestro caso, el presente manual se debe complementar con las recomendaciones de la OMS sobre "Agua, saneamiento y Salud" y con una serie de publicaciones que informan sobre la evaluación y la gestión de los riesgos asociados a los peligros de tipo microbiológico y con evaluaciones cotejadas por expertos internacionales de los riesgos asociados a determinados productos químicos. Estas publicaciones son aconsejables pues proporcionan orientación sobre prácticas adecuadas de vigilancia, seguimiento y evaluación de la calidad del agua de bebida en los sistemas de abastecimiento comunitarios. Son también complemento de la actual publicación, otras publicaciones que nos explican los fundamentos científicos en los que se basa su elaboración y orientan sobre prácticas adecuadas para su aplicación.

El reciente libro, AGUA: Saneamiento y Salud que ahora presentamos se dirige no sólo a los responsables de la reglamentación y la elaboración de políticas en materia de agua y salud, y a sus asesores, para orientarles en la elaboración de normas aplicables a tal efecto. Sino también a otras muchas personas que utilizarán la guía y los documentos aconsejados en ella, como fuente de información acerca de la calidad del agua y la salud, así como sobre métodos de gestión eficaces.

Diego Molina Ruiz

ÍNDICE

Objetivos	11
Glosario de términos	13
El Medio Ambiente y el Agua	17
La Salud y el Agua	25
El Agua para el consumo público	43
Las Aguas residuales	51
Discusión	75
Tablas y gráficos	79
Normativa consultada	85
Bibliografía	87
Anexos	89

OBJETIVOS

1. Guiar de forma rápida sobre el proceso de la gestión del agua.
2. Obtener nociones básicas sobre el agua, el medio ambiente y la salud.
3. Diferenciar los distintos conceptos básicos empleados en la terminología.
4. Conocer y distinguir los diferentes tipos de aguas.
5. Identificar los diferentes procedimientos y tratamientos de las aguas.
6. Clarificar la situación actual del agua de consumo y residual.
7. Identificar la normativa aplicable en nuestro entorno.

GLOSARIO DE TÉRMINOS

Abastecimiento: conjunto de instalaciones para la captación de agua, conducción y tratamiento de potabilización de la misma, almacenamiento, transporte y distribución del agua de consumo humano hasta las acometidas de los consumidores, con la dotación y calidad previstas en esta disposición.

Acometida: la tubería que enlaza la instalación interior del inmueble y la llave de paso correspondiente con la red de distribución.

Acuífero: es una capa subterránea de tierra que contiene agua.

Afluente: la incorporación de caudal aportado por uno o más cauces hacia otro de mayor envergadura.

Aguas grises: o aguas residuales no cloacales son las aguas generadas por los procesos de un hogar, tales como el lavado de utensilios y de ropa así como el baño de las personas.

Aguas negras: define un tipo de agua que está contaminada con sustancias fecales y orina, procedentes de desechos orgánicos humanos o animales.

Aguas residuales urbanas: son las aguas residuales domésticas producidas básicamente por el metabolismo humano y las actividades domésticas (aguas residuales domésticas) o bien la mezcla de las mismas con aguas residuales procedentes de locales comerciales o industriales (aguas residuales industriales) y/o aguas de correntía pluvial.

Banquisa o el **hielo marino:** es una capa de hielo flotante que se forma en las regiones oceánicas polares.

Condensación: es el proceso físico que consiste en el paso de una sustancia en forma gaseosa a forma líquida. Es el proceso inverso a la ebullición.

Cristalización: es el proceso por el cual se forma un sólido cristalino, ya sea a partir de un gas, un líquido o una disolución.

DBO: Demanda Biológica de Oxígeno, también denominada Demanda Bioquímica de Oxígeno, es un parámetro que mide la cantidad de materia susceptible de ser consumida u oxidada por medios biológicos que contiene una muestra líquida, y se utiliza para determinar su grado de contaminación.

Disolución (del latín *disolutio*) o **solución:** es una mezcla homogénea, a nivel molecular de una o más especies químicas que no reaccionan entre sí, cuyos componentes se encuentran en proporción que varía entre ciertos límites.

Efluente: la descarga de una planta de tratamiento o sistema de alcantarillado hacia la red pública o cuerpo receptor.

Entidades gestoras: entidad pública o privada que sea responsable del abastecimiento o de parte del mismo, o de cualquier otra actividad ligada al abastecimiento del agua de consumo humano. Como es el caso de los municipios y empresas abastecedoras de agua.

Escorrentía: es la lámina de agua que circula en una cuenca de drenaje, es decir la altura en milímetros de agua de lluvia escurrida y extendida dependiendo la pendiente del terreno.

Estación de tratamiento de agua potable (ETAP): instalación donde se lleva a cabo el conjunto de procesos de tratamiento de potabilización situados antes de la Red de distribución y/o depósito, que contenga más unidades de tratamiento que una única desinfección.

Eutrofización: el aumento de nutrientes en el agua, especialmente de los compuestos de nitrógeno y/o fósforo, que provoca un crecimiento acelerado de algas y especies vegetales superiores, con el resultado de trastornos no deseados en el equilibrio entre organismos presentes en el agua y en la calidad del agua a la que afecta.

Evaporación: es un proceso físico que consiste en el pasaje lento y gradual de un estado líquido hacia un estado más o menos gaseoso, en función de un aumento natural o artificial de la temperatura, lo que produce influencia en el movimiento de las moléculas, agitándolas. Con la intensificación del desplazamiento, las partículas escapan hacia la atmósfera transformándose, consecuentemente, en vapor.

Evapotranspiración: es la pérdida de humedad de una superficie por evaporación directa junto con la pérdida de agua por transpiración de la vegetación. Se expresa en mm por unidad de tiempo.

Fangos activos: es un proceso biológico que consiste en el desarrollo de un cultivo bacteriano disperso en forma de flóculo en un depósito agitado, aireado y alimentado con el agua residual, que es capaz de metabolizar como nutrientes los contaminantes biológicos presentes en ese agua.

Floculación: es un proceso químico mediante el cual, con la adición de sustancias denominadas floculantes, se aglutina las sustancias coloidales presentes en el agua, facilitando de esta forma su decantación y posterior filtrado.

Glaciar: (del latín *glacies*) es una gruesa masa de hielo que se origina en la superficie terrestre por compactación y recristalización de la nieve, mostrando evidencias de flujo en el pasado o en la actualidad.

Infiltración: en hidrología es la penetración del agua en el suelo.

Karst o Carst: se produce por disolución indirecta del carbonato cálcico de las rocas calizas debido a la acción de aguas ligeramente ácidas.

Lluvia: (del latín. *pluvĭa*) es un fenómeno atmosférico iniciado con la condensación del vapor de agua contenido en las nubes.

Parámetro de la calidad del agua: microorganismo, contaminante, o propiedad físico-química analizada en el agua, e indicadoras de su calidad.

Precipitación: es cualquier forma de hidrometeoro que cae del cielo y llega a la superficie terrestre.

PSA: son las siglas de Plan de Salubridad del Agua.

RHP: se trata de las siglas de Recuento de Heterótrofos en Placa, valores usados en muestras de agua.

Sublimación: (del latín *sublimāre*) es el proceso que consiste en el cambio de estado de la materia sólida al estado gaseoso sin pasar por el estado líquido.

Sublimación inversa: constituye el proceso inverso al anterior, es el paso directo del estado gaseoso al estado sólido.

1. El Medio Ambiente y el Agua.

El agua es un compuesto esencial para la vida de animales y plantas, las funciones vitales están vinculadas al agua, formando parte de todos los organismos en un alto porcentaje, y su presencia es imprescindible en el nivel trófico productor y en la vida de todos los organismos.

El agua es una necesidad y una comodidad, cuando es abundante y saludable, beneficia y enriquece la vida, por el contrario cuando no es así puede constituir una amenaza para la salud y la propia vida.

La disposición de suficiente cantidad de este compuesto en el medio ambiente fue una constante en la historia de la humanidad. Los primeros asentamientos humanos estaban ubicados junto a fuentes de agua. Necesaria tanto para la pervivencia de personas, animales y plantas como para la evolución cultural y económica de los pueblos. Los recursos eran en principio suficientes, aunque la historia describe casos de comunidades que desaparecieron por una disminución de los suministros de agua, como resultado de cambios climáticos que afectaron a la misma zona geográfica.

El agua es un producto muy abundante en nuestro medio natural, pero no se encuentra en estado puro, sino con gran cantidad de sales minerales disueltas. La cantidad de agua en nuestro planeta es un volumen fijo, calculado en aproxima-damente 1.500

millones de kilómetros cúbicos en total, de los cuales podemos estimar que un 0,2 % se corresponde con agua dulce de fácil acceso. Las aguas dulces desembocan en el mar y se salinizan, pero la evaporización del agua del mar, las precipitaciones de lluvia sobre la tierra y el ciclo del agua, las reponen de forma continua, hasta tal punto que la cantidad de agua dulce se mantiene relativamente constante.

1.1. El Ciclo del Agua.

El agua distribuida en la corteza terrestre, tanto salada como dulce, se encuentra sometida a las radiaciones energéticas del sol que provoca que una determinada cantidad de agua cambie de estado, transformándose en vapor, se eleva a la atmósfera formando el vapor de agua. Posteriormente en las capas más altas de nuestra atmósfera (donde las temperaturas son más bajas), el vapor de agua se condensa, generando unas minús-culas gotitas que forman las nubes, Al aumentar el tamaño de estas gotas va aumentando, se precipitan en forma de lluvia a la corteza terrestre por efecto de la gravedad. Esta agua de lluvia se distribuye de dos maneras:

- Aguas de escorrentía superficial. Son las procedentes de las precipitaciones que se desliza por la superficie, discurriendo por ríos y arroyos, desembocando en lagos, pantanos o en el mar.

- Aguas subterráneas o de infiltración. Son las que se filtran a través de la corteza terrestre y circulan en su interior en forma de ríos subterráneos o se acumulan formando acuíferos que suelen brotar a la superficie de forma natural como manantiales o fuentes, o bien de forma artificial por medio de prospecciones, sondeos de agua o perforaciones de pozos.

Ambos tipos de aguas, tanto las superficiales como la mayor parte de las subterráneas terminan desembocando en los grandes ríos y por último en los mares y océanos. Con ellos se producen los procesos de arrastre natural y producción de filtraciones. De forma continua, los rayos del sol siguen evaporando tanto agua dulce como salada, que retorna a la atmósfera, completándose así el ciclo del agua, que se repite de forma constante y permanente.

Figura 1 (*En Tablas y Gráficos*)

1.2. Procesos del Agua.

Los principales procesos implicados en el ciclo del agua son:
- **Evaporación**. El agua se evapora en la superficie oceánica, sobre el terreno y también por los organismos, en el fenómeno de la transpiración. Dado que no

podemos distinguir claramente entre la cantidad de agua que se evapora y la cantidad que es transpirada por los organismos, se suele utilizar el término evapotranspiración. Los seres vivos, especialmente las plantas, contribuyen con un 10% al agua que se incorpora a la atmósfera.

- **Precipitación.** La atmósfera pierde agua por condensación (lluvia y rocío) o sublimación inversa (nieve y escarcha) que pasan, según el caso, al terreno, a la superficie del mar o a la banquisa. En el caso de la lluvia, la nieve y el granizo (cuando las gotas de agua de la lluvia se congelan en el aire) la gravedad determina la caída; mientras que en el rocío y la escarcha el cambio de estado se produce directamente sobre las superficies que cubren.

- **Infiltración.** El fenómeno ocurre cuando el agua que alcanza el suelo penetra a través de sus poros y pasa a ser subterránea. La proporción de agua que se infiltra y la que circula en superficie (escorrentía) depende de la permeabilidad del sustrato, de la pendiente (que la estorba) y de la cobertura vegetal. Parte del agua infiltrada vuelve a la atmósfera por evaporación o, más aún, por la transpiración de las plantas, que la extraen con raíces más o menos extensas y profundas. Otra parte se incorpora a los acuíferos, niveles que contienen agua estancada o circulante. Parte del agua subterránea alcanza la superficie allí donde los acuíferos, por las circunstancias topográficas, interceptan la superficie del terreno.

- **Escorrentía**. Este término se refiere a los diversos medios por los que el agua líquida se desliza cuesta abajo por la superficie del terreno. En los climas no excepcionalmente secos, incluidos la mayoría de los llamados desérticos, la escorrentía es el principal agente geológico de erosión y transporte.
- **Circulación subterránea**. Se produce a favor de la gravedad, como la escorrentía superficial, de la que se puede considerar una versión. Se presenta en dos modalidades: primero, la que se da en la zona vadosa, especialmente en rocas karstificadas, como son a menudo las calizas, la cual es una circulación siempre cuesta abajo; en segundo lugar, la que ocurre en los acuíferos en forma de agua intersticial que llena los poros de una roca permeable, la cual puede incluso remontar por fenómenos en los que intervienen la presión y la capilaridad.

1.3. Clasificación y Distribución.

La salinidad del agua en el medio natural es una de las propiedades más significativas, en base a ella podemos clasificarla en dos importantes grupos:

- **Agua dulce.** Supone tan sólo un 2,75% aproxi-mado del total del agua disponible en el medio natural. Contiene cantidades mínimas de sales disueltas, esencialmente cloruro sódico (NaCl), y es por ello que resulta tolerable para el consumo humano.
  Procede en origen de la precipitación de vapor de agua atmosférico que, o bien llega directamente a los lagos, los ríos y las aguas subterráneas, o bien lo hace por la licuación de la nieve o del hielo.

- **Agua salada.** Constituye un 97,25% del total de agua del planeta. Es, por tanto, la mayor proporción del agua que existe en la naturaleza. Contiene una alta concentración en sales minerales disueltas (hasta un 3,5% como media), sobre todo cloruro sódico (NaCl), que le impide ser apta para el consumo humano, y su ingestión continuada o abundante puede producir serios daños o incluso la muerte. Se necesita más agua pura para excretar las sales que se ingieren con el agua salada que la que contiene el volumen ingerido, por lo cual no es posible con ella calmar la sed, sino que se logra el efecto contrario.

Tabla 1 (*En Tablas y Gráficos*)

1.4. Tiempo de residencia del agua.

El tiempo de residencia de una molécula de agua en un compartimento es mayor cuanto menor es el ritmo con que el agua abandona ese compartimento (o se incorpora a él). Es notablemente largo en los casquetes glaciares, a donde llega por una precipitación característicamente escasa y que abandona por la pérdida de los bloques de hielo en los márgenes o por la fusión en la base del glaciar, donde se forman pequeños ríos o arroyos que sirven de aliviadero a la fusión del hielo en su desplazamiento debido a la gravedad. El compartimento donde la residencia media es más larga, aparte del océano, es el de los acuíferos profundos, algunos de los cuales son «fósiles» que no se renuevan desde tiempos remotos. El tiempo de residencia es particularmente breve para la fracción atmosférica, que se recicla muy deprisa.

Tabla 2 (*En Tablas y Gráficos*)

2. La Salud y el Agua.

El agua potable y su calidad es una cuestión que preocupa en países de todo el mundo, en desarrollo y desarrollados, por su repercusión en la salud de la población. Son factores de riesgo los agentes infecciosos, los productos químicos tóxicos y la contaminación radiológica. La experiencia pone de manifiesto el valor de los enfoques de gestión preventivos que abarcan desde los recursos hídricos al consumidor.

El acceso al agua potable es fundamental para la salud, uno de los derechos humanos básicos y un componente de las políticas eficaces de protección de la salud, constituye una cuestión importante en materia de salud y desarrollo en los ámbitos nacional, regional y local. En algunas regiones, se ha comprobado que las inversiones en sistemas de abastecimiento de agua y de saneamiento pueden ser rentables desde un punto de vista económico, ya que la disminución de los efectos adversos para la salud y la consiguiente reducción de los costos derivados de ello, es superior al costo de las intervenciones. Esto es indiscutible para diversos tipos de inversiones, desde las grandes infraestructuras de abastecimiento de agua al trata-miento doméstico del agua.

En la práctica diaria, se ha demostrado que los peligros microbiológicos continúan siendo la principal preocupación tanto de los países desarrollados como de los países en desarrollo, también ha demostrado igualmente el valor de la aplicación de un método sistemático para garantizar la inocuidad microbiológica, y además ha demostrado de la misma forma la necesidad de reconocer las importantes funciones que desempeñan las numerosas y diversas partes interesadas en la garantía de salud del agua de bebida.

Se considera cada vez más que sólo unos pocos productos químicos ocasionan efectos a gran escala sobre la salud por la exposición a los mismos por medio del agua de bebida. Los más destacados son el fluoruro y el arsénico, pero en determinadas condiciones pueden ser también significativos los efectos de otras sustancias como el plomo, el selenio y el uranio. La preocupación por los peligros derivados de la presencia de productos químicos en el agua de bebida aumentó como consecuencia del reconocimiento de la magnitud de la exposición al arsénico presente en el agua de bebida en Bangladesh y en otros lugares detectados.

2.1. Consideraciones generales.

El agua es esencial para la vida y todos debemos disponer de un abastecimiento satisfactorio, esto es, que sea suficiente, saludable y accesible. La mejora del acceso a agua saludable puede proporcionar beneficios tangibles para la salud. Debe realizarse el máximo esfuerzo para lograr que la salubridad del agua de bebida sea la mayor posible.

El agua de bebida salubre o agua potable, como también se puede definir, no debe ocasionar ningún riesgo significativo para la salud cuando se consume durante toda una vida, teniendo en cuenta las diferentes sensibilidades que pueden presentar las personas en las distintas etapas de su vida. Las personas que presentan mayor riesgo de contraer enfermedades transmitidas por el agua son los lactantes y los niños de corta edad, las personas debilitadas o que viven en condiciones antihigiénicas y los ancianos. El agua potable es adecuada para todos los usos domésticos habituales, incluida la higiene personal.

Estas consideraciones son aplicables al agua envasada y al hielo destinado al consumo humano. No obstante, puede necesitarse agua de mayor calidad para algunos fines especiales, como la diálisis renal y la limpieza de lentes de contacto, y para determinados usos farmacéuticos y de producción de alimentos. Puede ser preciso que las personas con inmunodeficiencia grave tomen precauciones adicionales, como hervir el agua, debido a su sensibilidad a microorganismos cuya presencia en el agua de bebida normalmente no sería preocupante.

En algunas ocasiones, el motivo principal para no promover la adopción de normas internacionales sobre la calidad del agua de bebida es que para la creación de normas y reglamentos nacionales es preferible aplicar un método basado en el análisis de riesgos y beneficios, que puede ser cualitativo o cuantitativo.

El carácter y el formato de las normas relativas al agua de bebida pueden diferir de unos países o regiones a otros. No hay un método único que pueda aplicarse de forma universal. En el desarrollo y la aplicación de normas, es fundamental tener en cuenta las leyes vigentes y en desarrollo relativas al agua, a la salud y al gobierno local, y evaluar la capacidad para desarrollar y aplicar reglamentos en cada país. Los métodos que pueden funcionar en un país o región no necesariamente pueden transferirse a otros países o regiones. En el desarrollo de un marco reglamentario, es fundamental que cada país evalúe sus necesidades y capacidades.

La determinación de la salubridad, o de qué nivel de riesgo se considera aceptable en circunstancias concretas, es un asunto en el que toda la sociedad tiene una función que desempeñar. En último término, cada país debe decidir si las ventajas de adoptar como normas nacionales o locales cualquiera de las directrices o valores de referencia justifican su costo.

Un criterio fundamental en la asignación de recursos para mejorar la salubridad del agua de bebida es la realización de mejoras progresivas conducentes a la consecución de objetivos a largo plazo. Las prioridades propuestas para remediar los problemas más urgentes, como puede ser el caso de la protección frente a microorganismos patógenos, se deben vincular a otros objetivos a largo plazo de mejora adicional de la calidad del agua, como por ejemplo, mejoras en la aceptabilidad del agua de bebida.

2.2. Garantía de salubridad.

Los requisitos básicos y esenciales para garantizar la salubridad del agua de bebida son: un «marco» para la salubridad del agua que comprenda metas sanitarias establecidas por la autoridad competente en materia de salud, sistemas adecuados y gestionados correctamente (infraestructuras adecuadas, seguimiento correcto y planificación y gestión eficaces), y un sistema de vigilancia independiente.

La aplicación de un enfoque integral a la evaluación y gestión de los riesgos del sistema de abastecimiento de agua de bebida aumenta la confianza en la salubridad del agua de bebida. Este enfoque conlleva la evaluación sistemática de los riesgos existentes en un sistema de abastecimiento de agua de bebida (desde la cuenca de captación y su agua de alimentación al consumidor) y la determinación de medidas que pueden aplicarse para gestionar estos riesgos, así como de métodos para comprobar el funcionamiento eficaz de las medidas de control. Debe incorporar estrategias para abordar la gestión cotidiana de la calidad del agua y hacer frente a las alteraciones y averías.

La gran mayoría de los problemas de salud que están relacionados de forma evidente con el agua se deben a la contaminación microbiana (bacterias, virus, protozoos u otros organismos). No obstante, también existe un número considerable de problemas graves de salud que puede producirse como consecuencia de la contaminación química del agua de bebida.

2.3. Aspectos microbiológicos.

La garantía de la salubridad microbiológica del abastecimiento de agua de bebida se basa en el uso de barreras múltiples, aplicadas desde la cuenca de captación al consumidor, para evitar la contaminación del agua de bebida o para reducirla a niveles que no sean perjudiciales para la salud. La salubridad del agua se mejora mediante la implantación de barreras múltiples, como la protección de los recursos hídricos, la selección y aplicación correctas de una serie de operaciones de tratamiento y la gestión de los sistemas de distribución (de redes de tuberías, entre otras) para mantener y proteger la calidad del agua tratada. La estrategia idónea debe ser un sistema de gestión que haga hincapié en la prevención o reducción de la entrada de patógenos a los recursos hídricos y reduzca la dependencia en las operaciones de tratamiento para la eliminación de patógenos.

En condiciones generales, los mayores riesgos microbiológicos son los derivados del consumo de agua contaminada con excrementos humanos o animales (incluidos los de las aves). Los excrementos pueden ser fuente de microorganismos patógenos, como bacterias, virus, protozoos y helmintos.

Los patógenos fecales son los que más pueden preocupar a la hora de fijar metas sanitarias relativas a la salubridad microbiológica. La calidad microbiológica del agua es muy variable y con frecuencia puede variar en poco tiempo. Pueden producirse aumentos repentinos de la concentración de patógenos que pueden aumentar considerablemente el riesgo de enfermedades y pueden desencadenar brotes de enfermedades transmitidas por el agua. Además, pueden exponerse a la enfermedad numerosas personas antes de que se detecte la contaminación microbiológica. Por estos motivos, para garantizar la salubridad microbiológica del agua de bebida no puede confiarse únicamente en análisis del producto final, incluso si se realizan con frecuencia.

Por todo lo anterior, para garantizar la salubridad del agua de forma continua, y proteger la salud pública, debe prestarse atención especial a la aplicación de un marco para la salubridad del agua y de planes completos de salubridad del agua (PSA). Para gestionar la salubridad microbiológica del agua de bebida es preciso realizar una evaluación de todo el sistema, para determinar los posibles peligros a los que puede estar expuesto, determinar las medidas de control necesarias para reducir o eliminar los peligros y realizar un seguimiento de la eficacia de dichas medidas (vigilancia operativa) para garantizar el funcionamiento eficiente de las barreras del sistema y elaborar planes de gestión que describan las medidas que deben adoptarse en circunstancias normales y si se producen inci-dentes. Estos son los tres componentes de un PSA.

Si no se garantiza la salubridad del agua, puede exponerse a la comunidad al riesgo de brotes de enfermedades intestinales y otras enfermedades infecciosas. Es especialmente importante evitar los brotes de enfermedades transmitidas por el agua de bebida, dada su capacidad de infectar simultáneamente a un gran número de personas y, posiblemente, a una gran propor-ción de la comunidad.

Además de los patógenos fecales, pueden tener importancia para la salud pública en determinadas circunstancias otros peligros microbiológicos (como pueden ser, el dracúnculo *Dracunculus medinensis*, las legionelas y las cianobacterias tóxicas).

2.3.1. Helmintos.

Las formas infecciosas de muchos helmintos, como los nematodos y platelmintos parásitos, pueden transmitirse a las personas por medio del agua de bebida. El agua de bebida no debe contener larvas maduras ni huevos fertilizados, ya que un único ejemplar puede ocasionar una infección. No obstante, el agua es una vía relativamente poco importante de infección por helmintos, con la excepción del dracúnculo.

2.3.2. Legionelas.

Las legionelas son bacterias ubicuas en el medio ambiente y pueden proliferar a las temperaturas elevadas existentes en ocasiones en las redes de distribución de agua de bebida, sobre todo en los sistemas de distribución de agua caliente y templada. La exposición a las legionelas presentes en el agua de bebida se produce mediante inhalación y puede evitarse mediante la aplicación de medidas básicas de gestión de la calidad del agua en los edificios y mediante el mantenimiento de residuos de la desinfección en toda la red de distribución.

2.3.3. Cianobacterias tóxicas.

El peligro para la salud pública de las cianobacterias deriva de su capacidad de producir diversas toxinas, conocidas como «cianotoxinas». Al contrario que las bacterias patógenas, las cianobacterias no se multiplican en el organismo humano tras su ingestión, sino que únicamente pueden proliferar en el medio acuático, antes de la ingestión. Aunque los péptidos tóxicos (por ejemplo, las microcistinas) se encuentran habitualmente en el interior de las células y pueden, por consiguiente, eliminarse, en gran parte, por filtración, los alcaloides tóxicos como la cilindrospermopsina y las neurotoxinas se liberan también al agua y pueden atravesar los sistemas de filtración.

Algunos microorganismos forman biopelículas sobre super-ficies que están en contacto con agua. La mayoría de estos microorganismos, con muy pocas excepciones, como las legionelas, no causan enfermedades en las personas sanas, pero pueden resultar molestas ya que generan sabores y olores o colores en el agua de bebida. La proliferación que se produce después del tratamiento del agua de bebida se conoce con frecuencia como «recrecimiento». Normalmente, se refleja en un aumento de los valores del recuento de heterótrofos en placa (RHP) en muestras de agua. Los valores del RHP aumentan sobre todo en partes de las redes de distribución por tuberías donde se produce estancamiento de agua, en instalaciones de fontanería domésticas, en agua envasada, en algunos casos, y en dispositivos conectados a las instalaciones de fontanería, como descalcificadores, filtros de carbono y máquinas expendedoras automáticas.

Aunque el agua puede ser una fuente muy importante de microorganismos infecciosos, como se ha descrito anterior-mente, muchas de las enfermedades que pueden transmitirse por el agua pueden transmitirse asimismo por otras vías, como son el contacto entre personas, las gotículas y aerosoles y la ingesta de alimentos. En algunas circunstancias, en ausencia de brotes de origen acuático, estas vías pueden ser más importantes que la transmisión por el agua.

2.4. Aspectos relacionados con la desinfección.

La desinfección es una operación de importancia indiscutible para el suministro de agua potable. La destrucción de microorganismos patógenos es fundamental; habitualmente se realiza mediante productos químicos reactivos como el cloro.

La desinfección constituye una barrera eficaz para numerosos patógenos (especialmente las bacterias) durante el tratamiento del agua de bebida y debe utilizarse en aguas superficiales y en aguas subterráneas expuestas a la contaminación fecal. La desinfección residual se utiliza como protección parcial contra la contaminación con concentraciones bajas de micro-organismos y su proliferación en el sistema de distribución.

La desinfección química de un sistema de abastecimiento de agua de bebida que presenta contaminación fecal reducirá el riesgo general de enfermedades, pero no garantizará necesariamente la salubridad del suministro. Por ejemplo, la desinfección con cloro del agua de bebida tiene una eficacia limitada frente a protozoos patógenos (en particular *Cryptosporidium*) y frente a algunos virus. La eficacia de la desinfección puede también ser ineficaz con respecto a patógenos presentes en flóculos o partículas que los protegen de la acción del desinfectante. Una turbidez elevada puede proteger a los microorganismos de los efectos de la desinfección, estimular la proliferación de bacterias y generar una demanda significativa de cloro. Una estrategia general de gestión efectiva añade a la desinfección, para evitar o eliminar la contaminación microbiana, barreras múltiples, como la protección del agua de alimentación y operaciones de tratamiento adecuadas, así como la protección del agua durante su almacenamiento y distribución.

El uso de productos químicos desinfectantes en el tratamiento del agua genera frecuentemente subproductos. No obstante, los riesgos para la salud asociados a estos subproductos son extremadamente pequeños en comparación con los asociados con una desinfección insuficiente, y es importante no limitar la eficacia de la desinfección para intentar controlar la concentración de estos subproductos.

Algunos desinfectantes, como el cloro, pueden fácilmente medirse y controlarse como desinfectante del agua de bebida; si se practica la cloración del agua, se recomienda analizar frecuentemente la concentración de cloro.

2.5. Aspectos químicos.

Los riesgos para la salud asociados a los componentes químicos del agua de bebida difieren de los asociados a la contaminación microbiológica y se deben principalmente a la capacidad de los componentes químicos de producir efectos adversos sobre la salud tras periodos de exposición prolongados. Pocos componentes químicos del agua pueden ocasionar problemas de salud como resultado de una única exposición, excepto en el caso de una contaminación masiva accidental de una fuente de abastecimiento de agua de bebida. Además, la práctica demuestra que en muchos, aunque no todos los incidentes de este tipo, el agua se hace imbebible, por su gusto, olor o apariencia inaceptables.

En aquellas situaciones en las que no es probable que una exposición de corta duración perjudique la salud, suele ser más eficaz concentrar los recursos disponibles para medidas correctoras en la detección y eliminación de la fuente de contaminación que en instalar un sistema caro de tratamiento del agua de bebida para la eliminación del componente químico.

Numerosos productos químicos pueden estar presentes en el agua de bebida; sin embargo, sólo unos pocos suponen un peligro inmediato para la salud en cualquier circunstancia determinada. Los grados de prioridad asignados a las medidas de seguimiento y de corrección de la contaminación del agua de bebida deben gestionarse de tal modo que se evite utilizar innecesariamente recursos escasos para el control de conta-minantes químicos cuya repercusión sobre la salud es pequeña o nula.

Una exposición a concentraciones altas de fluoruro, de origen natural, puede generar manchas en los dientes y, en casos graves, fluorosis ósea incapacitante. De modo similar, el agua de bebida puede contener arsénico de origen natural y una exposición excesiva al mismo puede ocasionar un riesgo significativo de cáncer y lesiones cutáneas. Otras sustancias de origen natural, como el uranio y el selenio, pueden también ocasionar problemas de salud cuando su concentración es excesiva.

Habitualmente, la presencia de nitratos y nitritos en el agua se ha asociado con la metahemoglobinemia, sobre todo en lactantes alimentados con biberón. La presencia de nitratos puede deberse a la aplicación excesiva de fertilizantes o a la filtración de aguas residuales u otros residuos orgánicos a las aguas superficiales y subterráneas.

Especialmente en zonas con aguas corrosivas o ácidas, la utilización de cañerías y accesorios o soldaduras de plomo puede generar concentraciones altas de plomo en el agua de bebida, que ocasionan efectos neurológicos adversos.

Suelen ser pocas las sustancias cuya presencia en el agua de bebida suponga una contribución importante a la ingesta general en términos de prevención de enfermedades. Un ejemplo es el efecto potenciador de la prevención contra la caries dental del fluoruro del agua de bebida.

A menudo, se han calculado valores de referencia para muchos componentes químicos del agua de bebida. Un valor de referencia es normalmente la concentración de un componente que no ocasiona ningún riesgo significativo para la salud cuando se consume durante toda una vida. Algunos valores de referencia se han determinado con carácter provisional basándose en el límite práctico de detección analítica o en la concentración límite alcanzable en la práctica mediante tratamiento. En estos casos, el valor de referencia es mayor que el calculado basándose en criterios de salud.

2.6. Aspectos radiológicos.

Igualmente debe tenerse en cuenta el riesgo para la salud asociado a la presencia de radionúclidos de origen natural en el agua de bebida, aunque su contribución a la exposición total a radionúclidos es muy pequeña en circunstancias normales.

Usualmente no se fijan valores de referencia formales para radionúclidos individuales en agua de bebida, sino que se utiliza un sistema basado en el análisis de la radiactividad alfa total y beta total en el agua de bebida.

Si bien la detección de niveles de radiactividad superiores a los límites fijados no indica que exista un riesgo inmediato para la salud, debe impulsar una investigación adicional para determinar qué radionúclidos son responsables de la radiactividad y los posibles riesgos existentes, teniendo en cuenta las circunstancias locales.

Los valores de referencia recomendados por los expertos de la OMS no se aplican en el caso de sistemas de abastecimiento de agua de bebida contaminados en situaciones de urgencia originadas por la liberación accidental de sustancias radiactivas al medio ambiente.

2.7. Aspectos relacionados con la aceptabilidad.

Por lo general, el agua no debe presentar sabores u olores que pudieran ser desagradables para la mayoría de los consu-midores. Es por ello que para evaluar la calidad del agua de bebida, los consumidores se basan principalmente en sus sentidos.
Todos los componentes microbianos, químicos y físicos del agua pueden afectar a su aspecto, olor o sabor, y el consumidor evaluará su calidad y aceptabilidad basándose en estos criterios. Aunque estas sustancias pueden no producir ningún efecto directo sobre la salud, los consumidores pueden considerar que el agua muy turbia, con mucho color, o que tiene un sabor u olor desagradables es insalubre y rechazarla. En casos extremos, los consumidores pueden evitar consumir agua de bebida que sea inaceptable por motivos estéticos pero saludable, y con-sumir en cambio agua de otras fuentes cuyo aspecto sea más agradable pero que puede ser insalubre. Es, por todo esto, sensato conocer las percepciones del consumidor y tener en cuenta tanto las directrices sanitarias como criterios estéticos al evaluar sistemas

de abastecimiento de agua de bebida y al elaborar reglamentos y normas.

Por consiguiente, los cambios en la apariencia, olor y sabor del agua de bebida de un sistema de abastecimiento con respecto a sus características organolépticas normales pueden señalar cambios en la calidad del agua sin tratar de la fuente o deficiencias en las operaciones de tratamiento y por ello deben investigarse.

3. El Agua para el consumo público.

Las aguas de consumo público, son aquellas a las que se da un uso y consumo humano, referidas a:
- Las aguas utilizadas para beber, preparar alimentos, cocinar, higiene personal o para otros usos domésticos.
- Las utilizadas en la industria alimentaria (elaboración de alimentos y limpieza de superficies).
- Las suministradas en una actividad comercial o pública (como en tiendas, centros comerciales, hoteles, casas rurales, restaurantes etc.), con independencia del volumen de agua suministrado.

No obstante, se debe reseñar que los siguientes tipos de aguas quedan fuera del contexto de este enunciado:
- Aguas de bebida envasadas.
- Aguas medicinales.
- Aguas mineromedicinales de establecimientos balnearios.
- Aguas que no afecten a la salud de los consumidores.
- Aguas de la industria alimentaria, que no afecten a la salubridad del producto alimenticio (como en las aguas de circuitos cerrados).
- Aguas de un abastecimientos que suministre como media menos de 10 m^3 diarios de agua y no tenga una actividad

comercial, salvo que se perciba un riesgo potencial para la salud de las personas derivado de la calidad del agua.

El agua de consumo puede tener diversos grados de calidad considerando primordialmente su composición y el proceso de tratamiento antes de su distribución.

Previamente a que llegue a nuestros hogares, las aguas destinadas a consumo humano se someten a un tratamiento de potabilización y a un control sanitario encaminado a la protección de la salud.

El conocimiento de la calidad del agua suministrada y las características de los abastecimientos, son, por tanto, elementos imprescindibles para detectar posibles problemas, para poder adoptar las medidas de prevención apropiadas.

Así pues, el agua de consumo se somete a diversos análisis de control y puede ser calificada desde el punto de vista sanitario.

3.1. Calificación del agua.

La calidad del agua es calificada atendiendo a los resultados de los análisis de laboratorio según los niveles y parámetros microbiológicos, químicos, indicadores, y radiactivos establecidos en la normativa vigente.

3.1.1. Agua Apta para el Consumo.

a) Se califica como "AGUA APTA PARA EL CONSUMO" cuando no contiene ningún tipo de microorganismo, parásito o sustancia, en una cantidad o concentración que pueda suponer un peligro para la salud humana; y cumple con los requisitos especificados para los parámetros microbiológicos, químicos, indicadores de calidad y radiactivos.

b) Cuando cumple todo lo anterior, pero sobrepasa hasta ciertos niveles los valores para los parámetros indicadores de calidad (turbidez, color, sabor, etc.), el agua es "APTA PARA EL CONSUMO, CON EXCESO EN…" (Un parámetro indicador).

c) Cuando existe un problema de calidad química del agua, y se necesita más de un mes para solucionarlo, podría darse el caso que durante ese tiempo la autoridad sanitaria autonómica autorizara a suministrar agua de consumo con uno o varios parámetros químicos con valores por encima del valor legal. Esos nuevos valores no deben suponer en ningún momento un riesgo para la salud. En estos casos, la calificación sería: "APTA PARA EL CONSUMO, CON EXCEPCIÓN EN…" (Un parámetro químico).

3.1.2. Agua No Apta para el Consumo.

a) Cuando no cumple con los requisitos anteriores, es un "AGUA NO APTA PARA EL CONSUMO".

b) En el caso de alcanzar niveles muy altos los parámetros microbiológicos, químicos y radiactivos, la autoridad sanitaria podría considerar que es "AGUA NO APTA PARA EL CONSUMO CON RIESGOS PARA LA SALUD".

3.2. Calidad del agua.

El agua puede considerarse de buena calidad cuando es salubre y limpia; es decir, cuando no contiene microorganismos patógenos ni contaminantes a niveles capaces de afectar adversamente la salud de los consumidores.

La calidad del agua está íntimamente relacionada con el nivel de vida y sanitario de un país. España cuenta con abastecimientos de alta calidad y rigurosos sistemas de vigilancia y de control analítico, que permiten que el agua llegue en buenas condiciones a nuestros hogares y sea consumida con seguridad. Para ello, el agua se somete previamente a un tratamiento de potabilización y a diversos controles sanitarios.

La gestión del agua presenta gran complejidad, por lo que normalmente intervienen diversos agentes, como los municipios, las empresas abastecedoras, los laboratorios de control y las administraciones sanitarias. Todos ellos velan por que el suministro de agua de consumo humano sea de buena calidad, sin riesgos para la salud, fácilmente accesible y en la cantidad requerida.

Control de Calidad del agua: Los municipios, o en su caso las entidades gestoras del agua (compañías distribuidoras), son responsables de la calidad del agua de consumo, justo hasta la llave de paso general de los edificios (hasta la acometida de las redes interiores del inmueble), donde la responsabilidad de la calidad pasa a ser de los propietarios.

El control analítico del agua de consumo, estipulado en la normativa vigente es exhaustivo, y puede llegar a incluir la vigilancia de los niveles de 53 parámetros dependiendo del tipo de análisis. Dentro de estos parámetros se encuentran numerosas sustancias químicas indeseables y contaminantes, bacterias, la turbidez, el color, el olor, etc.

Las determinaciones de estos parámetros son realizadas por laboratorios que han demostrado ante un organismo de acreditación o certificación que están suficientemente cualificados para la realización de tales análisis con niveles muy estrictos de calidad.

3.3. Protección y gestión del agua en la Unión Europea.

El objetivo de la política del agua en la UE es garantizar unas normas de seguridad elevadas para el agua potable y reducir los efectos medioambientales negativos de ciertas prácticas agrarias e industriales. La nueva Directiva Marco del Agua (DMA) pone de relieve la necesidad de medidas de protección en todas las utilizaciones y en todos los ecosistemas acuáticos en el punto en el que tiene lugar la contaminación. Se incluye una lista prioritaria de sustancias peligrosas para el medio ambiente, que deberán irse eliminando progresivamente. Existen también unas disposiciones sobre medidas de evaluación y seguimiento que deben aplicarse en caso de contaminación accidental del agua.

La Directiva Marco del Agua es pues una norma del Parlamento Europeo y del Consejo de la Unión Europea por la que se establece un marco de actuación comunitario en el ámbito de la política de aguas. En España, fue transpuesta al marco legislativo estatal a través de la Ley 62/2003, de 30 de diciembre de 2000, de Medidas Fiscales, Administrativas y del Orden Social, que modificó el Texto Refundido de la Ley de Aguas.

El objeto de esta Directiva es establecer un marco para la protección de las aguas continentales, las aguas de transición, las aguas costeras y las aguas subterráneas con los siguientes objetivos:

- La prevención del deterioro adicional y la protección y mejora de los ecosistemas acuáticos, así como de los ecosistemas terrestres dependientes.
- La promoción de los usos sostenibles del agua.
- La protección y mejora del medio acuático.
- La reducción de la contaminación de las aguas subterráneas.

- La paliación de los efectos de inundaciones y sequías.

La aplicación práctica de la DMA supone un complejo reto para los estados miembros de la Unión Europea y resulta necesario una aplicación homogénea y lo más coordinada posible, de modo que los Estados miembros y la propia Comisión Europea interpreten de la misma forma sus preceptos. El mecanismo mediante el que se intenta dar respuesta a estas necesidades mediante un procedimiento no vinculante es la Estrategia Común de Implantación.

La Estrategia Común de Implantación, se centra en cuatro fases:
- Intercambio de información.
- Desarrollo de guías técnicas.
- Información y gestión de datos.
- Aplicación, ensayo y validación.

Cabe indicar que la DMA establece la "Demarcación Hidrográfica" como unidad principal a efectos de gestión, definida como la zona marítima y terrestre compuesta por una o varias cuencas hidrográficas, así como las aguas subterráneas y costeras asociadas.

4. Las Aguas residuales.

4.1. Concepto de aguas residuales.

Las aguas residuales son residuos líquidos provenientes de aseos, baños, duchas, cocinas, etc.; que son desechados a las alcantarillas o cloacas. Así pues, las aguas residuales son materiales derivados de residuos domésticos, de procesos industriales o agrícolas, los cuales por razones primordialmente de salud pública no pueden desecharse vertiéndolas sin tratamiento en lagos o corrientes convencionales. En muchas áreas, las aguas residuales también incluyen algunas aguas sucias provenientes de industrias y comercios. La división del agua doméstica drenada en aguas grises y aguas negras es más común en el mundo desarrollado; el agua negra es la que procede de inodoros y orinales, y el agua gris, procedente de piletas y bañeras, puede ser usada en riego de plantas y reciclada en el uso de inodoros, donde se transforma en agua negra. Muchas aguas residuales también incluyen aguas superficiales procedentes de las lluvias. Las aguas residuales municipales contienen descargas residenciales, comerciales e industriales, y pueden incluir el aporte de precipitaciones pluviales cuando se usan tuberías de uso mixto pluvial - residual.

Los sistemas de alcantarillado que trasportan descargas de aguas sucias y aguas de precipitación conjuntamente son llamados sistemas de alcantarillas combinado. La práctica de construcción de sistemas de alcantarillas combinadas es actualmente menos común que en el pasado, y se acepta menos dentro de las regulaciones de la UE. Sin embargo, el agua sucia y agua de lluvia son colectadas y transportadas en sistemas de alcantarillas separadas, llamadas cloacas y conductos pluviales. El agua de lluvia puede arrastrar, a través de los tejados y la superficie de la tierra, varios contaminantes incluyendo partículas del suelo, metales pesados, compuestos orgánicos, basura animal, aceites y grasa. Algunas jurisdicciones requieren que el agua de lluvia reciba algunos niveles de tratamiento antes de ser descargada al ambiente. El tratamiento de las aguas residuales da como resultado la eliminación de micro-organismos patógenos, evitando así que estos microorganismos lleguen a ríos o a otras fuentes de abastecimiento.

El lugar donde este proceso es reconducido se llama Planta de tratamiento de aguas residuales. Los procesos de una planta de tratamiento de aguas residuales son generalmente los mismos en casi todos los países:

- Tratamiento físico químico.
- Remoción de sólidos
- Remoción de arena
- Precipitación con o sin ayuda de coagulantes o floculantes

- Separación y filtración de sólidos

El tratamiento físico químico del agua residual tiene como finalidad mediante la adición de ciertos productos químicos la alteración del estado físico de estas sustancias que permanecerían por tiempo indefinido de forma estable para convertirlas en partículas susceptibles de separación por sedimentación.

- Tratamiento biológico.
- Lechos oxidantes o sistemas aeróbicos
- Post – precipitación
- Liberación al medio de efluentes, con o sin desinfección según las normas de cada jurisdicción.

El tratamiento biológico de las aguas residuales es considerado un tratamiento secundario, ya que éste está ligado íntimamente a dos procesos microbiológicos, los cuales pueden ser aerobios y anaerobios.

- **Tratamiento químico.**

Eliminación del hierro del agua potable. Los métodos para eliminar el exceso de hierro incluyen generalmente transformación del agua clorada en una disolución generalmente básica utilizando cal apagada; oxidación del hierro mediante el ion hipoclorito y precipitación del hidróxido férrico de la solución básica. Mientras todo esto ocurre, el ion OCl está destruyendo los microorganismos patógenos del agua.

Eliminación del oxígeno del agua de las centrales térmicas. Para transformar el agua en vapor en las centrales térmicas se utilizan calderas a altas temperaturas. Como el oxígeno es un agente oxidante, se necesita un agente reductor como la hidracina para eliminarlo.

Eliminación de los fosfatos de las aguas residuales domésticas. El tratamiento de las aguas residuales domésticas incluye la eliminación de los fosfatos. Un método muy simple consiste en precipitar los fosfatos con cal apagada. Los fosfatos pueden estar presentes de muy diversas formas como el ion hidrógeno fosfato.

4.2. Etapas del tratamiento.

4.2.1. Tratamiento primario.

El tratamiento primario es para reducir aceites, grasas, arenas y sólidos gruesos. Este paso está íntegramente realizado con maquinaria, de ahí que es conocido también como tratamiento mecánico.

Remoción de sólidos. En el tratamiento mecánico, el afluente es filtrado en cámaras de rejas para eliminar todos los objetos grandes que son depositados en el sistema de alcantarillado, tales como trapos, barras, preservativos, compresas, tampones, latas, frutas, papel higiénico, etc. Éste es el de uso más común mediante una pantalla rastrillada automatizada mecánicamente. Este tipo de basura es eliminada porque podría dañar equipos sensibles en la planta de tratamiento de aguas residuales, además los tratamientos biológicos no están diseñados para tratar de forma directa sólidos.

Remoción de arena. Esta etapa también conocida como escaneo o maceración, esencialmente incluye un canal de arena donde la velocidad de las aguas residuales es cuidadosamente controlada para permitir que la arena y las piedras de ésta tomen partículas, pero todavía se mantiene la mayoría del material orgánico con el flujo. Este equipo es llamado colector de arena. La arena y las piedras necesitan ser quitadas a tiempo en el proceso para prevenir daño en las bombas y otros equipos en las etapas restantes del tratamiento. Algunas veces hay baños de arena (clasificador de la arena) seguido por un transportador que transporta la arena a un contenedor para la deposición. El contenido del colector de arena podría ser alimentado en el incinerador en un procesamiento de planta de fangos, pero en muchos casos la arena es enviada a un terraplén o desmonte.

Sedimentación. Muchas plantas tienen una etapa de sedimentación donde el agua residual se pasa a través de grandes tanques circulares o rectangulares. Estos tanques son usualmente llamados clarificadores primarios o tanques de sedimentación primarios. Los tanques son lo suficientemente grandes para que los sólidos fecales puedan situarse y el material flotante como la grasa y plásticos pueda elevarse hacia la superficie y desnatarse. El propósito principal de la etapa primaria es producir generalmente un líquido homogéneo capaz de ser tratado biológicamente y de unos fangos que pueden ser tratados separadamente. Los tanques primarios de estable-cimiento se equipan generalmente con raspadores conducidos mecánicamente que transportan continuamente los fangos recogidos hacia una tolva en la base del tanque donde mediante una bomba puede trasladar a éste hacia otras etapas del tratamiento.

4.2.2. Tratamiento secundario.

El tratamiento secundario de las aguas residuales comprende una serie de reacciones complejas de digestión y fermentación efectuadas por un huésped de diferentes especies bacterianas, el resultado neto es la conversión de materiales orgánicos en CO_2 y gas metano, éste último se puede separar y quemar como una fuente de energía. Debido a que ambos productos finales son volátiles, el efluente líquido ha disminuido notablemente su contenido en sustancias orgánicas. La eficiencia de un proceso de tratamiento se expresa en términos de porcentaje de disminución de la DBO inicial (Demanda Biológica de Oxígeno, también denominada demanda bioquímica de oxígeno).

Este tratamiento secundario es el elegido para esencialmente degradar el contenido biológico de las aguas residuales que se derivan de los desperdicios humanos, basura de comida, jabones y detergentes. La mayoría de las plantas municipales e industriales tratan el licor de las aguas residuales usando procesos biológicos. En todos estos métodos, las bacterias y los protozoos consumen contaminantes orgánicos solubles biodegradables, como azúcares, grasas, moléculas de carbón orgánico, etc. y unen muchas de las pocas fracciones solubles en partículas de flóculo. Los sistemas de tratamiento secundario son clasificados como película fija o crecimiento suspendido. En los sistemas fijos de película, como los filtros de roca, la biomasa crece en el medio y el agua residual pasa a través de él. En el sistema de crecimiento suspendido, como fangos activos, la biomasa está bien combinada con las aguas residuales. Usualmente, los sistemas fijos de película requieren superficies más pequeñas que para un sistema suspendido equivalente de crecimiento; sin embargo, los sistemas de crecimiento suspendido son más adecuados ante choques en el cargamento biológico y provee cantidades más altas del retiro para el DBO y los sólidos suspendidos que en los sistemas fijados de película.

Filtros de desbaste Los filtros de desbaste son utilizados para tratar particularmente cargas orgánicas fuertes o variables, típicamente industriales, para permitirles ser tratados por procesos de tratamiento secundario. Son filtros especialmente altos, filtros circulares llenados con un filtro abierto sintético en el cual las aguas residuales son depuradas en una cantidad relativamente alta. El diseño de los filtros permite una alta descarga hidráulica y un alto flujo de aire. En instalaciones más grandes, el aire es forzado a través del medio usando sopladores. El líquido resultante se encuentra habitualmente entre el rango normal para los procesos convencionales de tratamiento.

Fangos activos. Las plantas de fangos activos usan una variedad de mecanismos y procesos para utilizar el oxígeno disuelto y promover el crecimiento de organismos biológicos que remueven esencialmente la materia orgánica. También puede atrapar partículas de material y puede, bajo condiciones ideales, convertir amoniaco en nitrito y nitrato, y en última instancia en gas nitrógeno.

Camas filtrantes (camas de oxidación). Se utiliza la capa filtrante de goteo utilizando plantas más viejas y plantas receptoras de cargas más variables. Las camas filtrantes son utilizadas donde el licor de las aguas residuales es rociado en la superficie de una profunda cama compuesta de coke (carbón, piedra caliza o fabricada especialmente de medios plásticos). Tales medios deben tener altas superficies para soportar los biofilms que se forman. El licor es distribuido mediante unos brazos perforados rotativos que irradian de un pivote central. El licor distribuido gotea en la cama y es recogido en drenes en la base. Estos drenes también proporcionan un recurso de aire que se infiltra hacia arriba de la cama, manteniendo un medio aerobio. Las películas biológicas de bacterias, protozoos y hongos se forman en la superficie media y se asimilan o reducen los contenidos orgánicos.

Placas rotativas y espirales En algunas plantas pequeñas son usadas placas o espirales de revolvimiento lento que son parcialmente sumergidas en un licor. Se crea un flóculo biótico, que proporciona el substrato requerido.

Reactor biológico de cama móvil. Asume la adición de medios inertes en vasijas de fangos activos existentes para proveer sitios activos para que se adjunte la biomasa. Esta conversión genera un sistema de crecimiento. Las ventajas de los sistemas de crecimiento adjunto son:

1) Mantener una alta densidad de población de biomasa

2) Incrementar la eficiencia del sistema sin la necesidad de incrementar la concentración del licor mezclado de sólidos.

3) Eliminar el costo de la operación de la línea de retorno de fangos activos.

Filtros aireados biológicos. Filtros aireados biológicos combinan la filtración con reducción biológica de carbono, nitrificación o desnitrificación.

Reactores biológicos de membrana es un sistema con una barrera de membrana semipermeable o en conjunto con un proceso de fangos. Esta tecnología garantiza la remoción de todos los contaminantes suspendidos y algunos disueltos. La limitación de estos sistemas es directamente proporcional a la eficaz reducción de nutrientes del proceso de fangos activos. El coste de construcción y operación de estos es usualmente más alto que el de un tratamiento de aguas residuales convencional de esta clase de filtros.

Sedimentación secundaria. El paso final de la etapa secundaria del tratamiento es retirar los flóculos biológicos del material de filtro y producir agua tratada con bajos niveles de materia orgánica y materia suspendida.

4.2.3. Tratamiento terciario.

El tratamiento terciario proporciona una etapa final para aumentar la calidad del efluente al estándar requerido antes de que éste sea descargado al medio ambiente receptor (mar, río, lago, campo, etc.). En una planta de tratamiento pueden ser utilizados más de un proceso terciario. Cuando la desinfección se practica siempre en el proceso final, se le denomina pulir el efluente.

Filtración. La filtración de arena remueve gran parte de los residuos de materia suspendida. El carbón activado sobrante de la filtración remueve las toxinas residuales.

Lagunaje. El tratamiento de lagunas proporciona el establecimiento necesario y fomenta la mejora biológica de almacenaje en grandes charcos o lagunas artificiales. Estas lagunas son altamente aerobias y se produce a menudo la colonización por los macrophytes nativos, especialmente cañas. Los pequeños invertebrados generados en el filtro, tales como

Daphnia y especies de Rotifera, contribuyen enormemente al tratamiento removiendo las partículas finas.

Tierras húmedas construidas. Las tierras húmedas construidas incluyen camas de caña y similares, que proporcionan un alto grado de mejora biológica aerobia y pueden ser utilizados a menudo en lugar del tratamiento secundario para las comunidades pequeñas

Remoción de nutrientes, Las aguas residuales pueden también contener altos niveles de nutrientes, nitrógeno y fósforo, que, en ciertas formas, puede ser tóxico para peces e invertebrados en concentraciones muy bajas, como es el caso del amoníaco; y por otro lado, se pueden generar condiciones indeseables en el ambiente receptor, como las malas hierbas o el crecimiento excesivo de algas. Con ello no sólo se genera una situación poco estética, sino que pueden producir toxinas y agotar el oxígeno en el agua comprometiendo toda la vida acuática. Cuando se recibe una gran descarga en ríos, lagos o en zonas costeras, los nutrientes agregados pueden causar pérdidas entrópicas severas, produciendo la muerte a muchos peces sensibles a la limpieza del agua.

La eliminación del nitrógeno o del fósforo de las aguas residuales se puede alcanzar mediante la precipitación química o biológica.

La remoción del nitrógeno se efectúa con la oxidación biológica del nitrógeno del amoníaco al nitrato, nitrificación que implica nitrificar bacterias, tales como Nitrobacter y Nitrosomonus, y entonces mediante la reducción el nitrato es convertido al gas del nitrógeno (desnitrificación), que se lanza a la atmósfera. Estas conversiones requieren condiciones cuidadosamente controladas para permitir la formación adecuada de comunidades biológicas. Los filtros de arena, las lagunas y las camas de lámina se pueden utilizar para reducir el nitrógeno. Algunas veces, la conversión del amoníaco tóxico al nitrato solamente se refiere a veces como tratamiento terciario.

La eliminación del fósforo se puede efectuar biológicamente mediante un proceso específicamente bacte-riano, llamado Polyphosphate, que acumula estos organismos, se enriquecen y acumulan selectivamente grandes cantidades de fósforo dentro de sus células. Cuando la biomasa enriquecida en estas bacterias se separa del agua tratada, los biosólidos bacterianos tienen un alto valor de fertilizante. La eliminación del fósforo se puede alcanzar también, generalmente por la precipitación química con las sales del hierro como cloruro férrico, o del aluminio como alumbre. El fango químico que resulta, sin embargo, es difícil de operar, y el uso de productos químicos en el proceso del tratamiento es costoso.

Desinfección El propósito de la desinfección en el tratamiento de las aguas residuales es reducir esencialmente el número de organismos vivos en el agua que se descargará al medio ambiente. La efectividad de la desinfección depende de la calidad del agua que es tratada (por ejemplo: turbiedad, pH, etc.), del tipo de desinfección que es utilizada, de la dosis de desinfectante (concentración y tiempo), y de otras variables ambientales. El agua turbia será tratada con menor éxito, puesto que la materia sólida puede blindar organismos, especialmente de la luz ultravioleta o si los tiempos del contacto son bajos. Generalmente, tiempos de contacto cortos, dosis bajas y altos flujos influyen en contra de una desinfección eficaz. Los métodos comunes de desinfección incluyen el ozono, la clorina, o la luz UV. La Cloramina, que se utiliza para el agua potable, no se utiliza en el tratamiento de aguas residuales debido a su persistencia.

La desinfección con cloro sigue siendo la forma más común de desinfección de las aguas residuales en países como EEUU debido a su bajo coste y del largo plazo de eficacia. Una desventaja es que la desinfección con cloro del material orgánico residual puede generar compuestos orgánicamente clorados que pueden ser carcinógenos o dañinos al medio ambiente. La clorina, o las "cloraminas" residuales, puede también ser capaz de tratar el material con cloro orgánico en el ambiente acuático natural. Además, porque la clorina residual es tóxica para especies acuáticas, el efluente tratado debe ser químicamente desclorinado, agregándose complejidad y costo del tratamiento.

La luz ultravioleta (UV) se está convirtiendo en el medio más común de la desinfección en Europa, debido a las preocupaciones por los impactos de la clorina en el tratamiento de aguas residuales y en la clorinación orgánica en aguas receptoras. La radiación UV se utiliza para dañar la estructura genética de las bacterias, virus, y otros patógenos, haciéndolos incapaces de reproducirse. Las desventajas dominantes de la desinfección UV son la necesidad del mantenimiento y del reemplazo frecuentes de la lámpara y la necesidad de un efluente altamente tratado para asegurarse de que los micro-organismos objetivo no están blindados de la radiación UV (es decir, cualquier sólido presente en el efluente tratado puede proteger microorganismos contra la luz UV).

El ozono O3 es generado pasando el O2 del oxígeno con un potencial de alto voltaje resultando un tercer átomo de oxígeno y que forma O3. El ozono es muy inestable y reactivo, y oxida la mayoría del material orgánico con que entra en contacto, de tal manera que destruye muchos microorganismos causantes de enfermedades. El ozono se considera más seguro que la clorina porque, mientras que la clorina tiene que ser almacenada en el sitio (altamente venenoso en caso de un lanzamiento accidental), el ozono es colocado según es necesitado. La ozonización también produce menos subproductos de la desinfección que la desinfección con cloro. Una desventaja de la desinfección del ozono es el alto coste del equipo de generación del ozono y la gran preparación necesaria por parte de sus operarios.

4.3. Tratamiento de los lodos.

Los lodos o fangos están constituidos por los sólidos primarios gruesos y los biosólidos secundarios acumulados en un proceso del tratamiento de aguas residuales. Se deben tratar y disponer de una manera segura y eficaz. Este material a menudo se contamina inadvertidamente con los compuestos orgánicos e inorgánicos tóxicos, como es el caso de los metales pesados. Entre estos procesos de tratamiento, se encuentra la digestión tanto anaeróbica como aeróbica, el propósito de la digestión es reducir la cantidad de materia orgánica y el número de los microorganismos presentes en los sólidos que causan enfermedades. Así pues, entre las opciones más comunes del tratamiento se incluyen la digestión anaerobia, la digestión aerobia y el abonamiento.

4.3.1. La digestión anaeróbica.

La digestión anaeróbica es un proceso bacteriano que se realiza en ausencia del oxígeno. El proceso puede ser la digestión termofílica en la cual el fango se fermenta en tanques a una temperatura de 55° C o mesofílica, en una temperatura alrededor de 36° C. Permitiendo así el tiempo de una retención más corta, de este modo en los pequeños tanques, la digestión termofílica es más expansiva en términos de consumo de energía necesaria para calentar el fango.

La digestión anaerobia genera biogás con una parte elevada de metano que se puede reutilizar para el tanque, los motores o las microturbinas de funcionamiento o para otros procesos in situ. En plantas de tratamiento suficientemente grandes la energía que se puede generar de esta manera, llega a producirse más electricidad de las que estas máquinas re-quieren, con lo cual puede reservarse para otros usos. La generación de metano constituye pues una ventaja dominante del proceso anaeróbico. Su desventaja primordial puede ser el largo plazo requerido para el proceso, de hasta 30 días, y el alto coste del proceso.

4.3.2. Digestión aeróbica.

La digestión aeróbica es un proceso bacteriano que ocurre en presencia del oxígeno. Bajo condiciones aeróbicas, las bacterias consumen rápidamente la materia orgánica y la convierten en el bióxido de carbono. Una vez que hay una carencia de la materia orgánica, las bacterias mueren y son utilizadas como alimento por otras bacterias. Esta etapa del proceso se conoce como respiración endógena. La reducción de los sólidos ocurre en esta fase. Porque la digestión aeróbica ocurre mucho más rápidamente, y si bien en principio los costes de la digestión aerobia suelen ser más bajos, los gastos de explotación son generalmente mucho mayores para la digestión aeróbica debido a los costes energéticos precisos en la aireación que es necesaria, para agregar el oxígeno al proceso.

4.3.3. El abonamiento o la composta.

El abonamiento o composta es también un proceso aeróbico que implica el mezclar los sólidos de las aguas residuales con carbón y otras fuentes, tales como serrín, paja o virutas de madera. En presencia del oxígeno, las bacterias digieren los sólidos de las aguas residuales, y los compuestos agregados con el carbón, con todo, producen una gran cantidad de calor. Los procesos anaerobios y aerobios de la digestión pueden dar lugar a la destrucción de microorganismos y de parásitos causantes de enfermedades en un nivel suficiente como para permitir que los sólidos digeridos resultantes sean reutilizados con seguridad en la tierra usada como material de regeneración del suelo, incluso con ventajas muy similares a la turba o incluso ser apta para la agricultura como fertilizante, con la condición de que los niveles de posibles componentes tóxicos sean siempre lo suficientemente bajos.

4.3.4. La depolimerización termal.

La depolimerización termal utiliza pirólisis acuosa para convertir los organismos complejos reduciéndolos a aceite. Se trata, pues, de un proceso de baja tecnología que puede reducir fácilmente la materia orgánica a aceite combustible y otros subproductos útiles. El hidrógeno en el agua se inserta entre los vínculos químicos en polímeros naturales, tales como grasas, las proteínas y la celulosa. El oxígeno del agua combina con el carbón, el hidrógeno y los metales. El resultado es aceite, gases combustibles tales como metano, propano y butano, agua con las sales solubles, bióxido de carbono, y un residuo pequeño del material insoluble inerte que se asemeja a la roca y al carbón pulverizado. Se destruyen todos los organismos y muchas toxinas orgánicas. No obstante, las sales inorgánicas como nitratos y fosfatos persisten en el agua después del tratamiento en unos niveles tan altos que casi siempre será preciso un tratamiento adicional para contrarrestarlos.

La elección de un método de tratamiento sólido de las aguas residuales depende de la cantidad de sólidos generados y de otras condiciones más específicas y concretas. En conclusión, por lo general es el abonamiento el método más aplicado para vertidos a pequeña escala seguidos por la digestión aerobia y, por último, la digestión anaerobia para vertidos a gran escala como en zonas urbanas.

4.3.5. Deposición de fangos.

Cuando se produce un fango líquido, será necesario un tratamiento adicional para hacerlo más conveniente a su disposición final. Usualmente, los fangos se espesan, por desecado, para reducir el volumen transportado para su última disposición. Los procesos para reducir el contenido en agua incluyen lagunas en camas de sequía para producir una torta que pueda ser aplicada a la tierra o ser incinerada; el presionar, donde el fango se filtra mecánicamente, a través de las pantallas del paño para producir a menudo una torta firme; y centrifugación donde el fango es espesado, centrífugo y separando el sólido del líquido. Los fangos se pueden disponer por la inyección líquida para allanar un terreno o para diseminarlo en un terraplén. Han surgido ciertas preocupaciones por la incineración del fango debido a los agentes contaminantes del aire en las emisiones producidas, junto con el alto coste de combustible adicional, haciendo que estos medios sean menos atractivos, menos adoptados como tratamiento y disposición última del fango.

4.4. Tratamientos alternativos.

4.4.1. Uso de plantas como proceso de auto-depuración.

Ciertas plantas, como es el caso del *Juncos sp.* o del *Schoenoplectus lacustris*, están capacitadas para asimilar metales pesados y grandes cantidades tanto de nitrógeno como de fósforo, así como de compuestos orgánicos tóxicos como los fenoles. Las aguas residuales de industrias de celulosas, sedas artificiales o cauchos pueden ser depuradas al pasar a través de filtros de arena, donde estas plantas degradan los contaminantes gracias a su sistema radicular y los incorporan como nutrientes.

4.4.2. Biorremediación y biotecnología.

Son sistemas de depuración basados en el uso de la actividad biológica y de la tecnología para reducir la concentración o toxicidad de contaminantes en el medio ambiente. Habitualmente, son sistemas complejos, aptos únicamente para algunos tipos de contaminantes, en cuyo desarrollo se invierten gran cantidad de recursos y esfuerzos. Así pues, en la biorremediación de vertidos de petróleo procedentes de buques cisternas, se realiza la fumigación de la masa de agua contaminada con preparaciones de nutrientes oleofilíticos y dispersadotes, que facilitan la actividad de los microorganismos capaces de degradar el petróleo. La biología molecular también permite disponer, para procesos de biorremediación *in situ*, de microorganismos de fácil cultivo y crecimiento rápido, a los que se les ha incorporado el material genético que regula el metabolismo de aceites pesados, hidrocarburos aromáticos, pesticidas o policlorobifenilos.

4.5. Impacto ambiental.

Los contaminantes de las aguas residuales municipales, domésticas o urbanas constituyen, por su importancia, la segunda fuente de contaminación de medios acuáticos en forma de eutrofización. Son los sólidos suspendidos y disueltos que consisten en: materias orgánicas e inorgánicas, nutrientes, aceites y grasas, sustancias tóxicas, y microorganismos patógenos. Los desechos humanos sin un tratamiento apropiado, eliminados en su punto de origen o recolectados y transportados, presentan un peligro de infección parasitaria, mediante el contacto directo con la materia fecal, hepatitis y varias enfermedades gastrointestinales, incluyendo el cólera y tifoidea, mediante la contaminación de las fuentes de agua y la comida. Cabe destacar que el agua de lluvia urbana puede contener los mismos contaminantes, y a veces en concen-traciones sorprendentemente altas.

Cuando las aguas residuales son recolectadas pero no tratadas correctamente antes de su eliminación o reutilización, existen los mismos peligros para la salud pública en las proximidades del punto de descarga. Si dicha descarga es en aguas receptoras, se presentarán peligrosos efectos adicionales, como por ejemplo, cuando el hábitat para la vida acuática y marina es afectada por la acumulación de los sólidos; el oxígeno disminuye por la descomposición de la materia orgánica; y los organismos acuáticos y marinos pueden verse perjudicados aún más por las sustancias tóxicas, y que pueden extenderse hasta los organismos superiores por la bio-acumulación en las cadenas alimenticias. Si la descarga entra en aguas limitadas, como un lago o una bahía, su contenido de nutrientes puede ocasionar la eutrofización, con molesta vegetación que puede afectar a la pesca o a las áreas recreativas. Los desechos sólidos generados en el tratamiento de las aguas residuales (grava, posos, y fangos primarios y secundarios), pueden contaminar el suelo y las aguas si no son tratados convenientemente.

Los proyectos referidos a aguas residuales son ejecutados a fin de evitar o aliviar los efectos de los contaminantes descritos anteriormente en cuanto al ambiente humano y natural. Cuando son ejecutados correctamente, *su impacto total sobre el ambiente es positivo*.

Los *impactos directos* incluyen la disminución de molestias y peligros para la salud pública en el área de servicios, mejoramientos en la calidad de las aguas receptoras, y aumento en los usos beneficiosos de las aguas receptoras. Adicionalmente, la instalación de un sistema de recolección y tratamiento de las aguas residuales posibilita un control más efectivo de las aguas residuales industriales mediante su tratamiento previo y conexión con el alcantarillado público, y ofrece el potencial para la reutilización beneficiosa del efluente tratado y de los fangos.

Los *impactos indirectos* del tratamiento de las aguas residuales incluyen la provisión de sitios de servicio para el desarrollo, de mayor productividad y rentas de las zonas de pesca, mayores actividades y rentas tanto turísticas como recreativas, mayor productividad agrícola y forestal o menores requerimientos para los fertilizantes químicos, en caso de ser reutilizado el efluente y los fangos, y menores demandas sobre otras fuentes de agua como resultado de la reutilización del efluente.

Éstos **potenciales impactos positivos** se prestan para medidos y cuantificables, por lo cual pueden ser incorporados cuantitativamente en el análisis de coste / beneficio de varias alternativas al planificar proyectos para las aguas residuales. Los beneficios para la salud humana pueden ser medidos, por ejemplo, mediante el cálculo del coste evitado, en forma de gastos médicos y días de trabajo perdidos que resultarían de un saneamiento defectuoso. Los menores costes del tratamiento de agua potable e industrial y mayores rentas en la pesca, el turismo y otras actividades recreativas pueden servir como cómputos parciales de los beneficios obtenidos por mejoras en la calidad de las aguas receptoras. En una zona donde la demanda urbanística es grande, los beneficios provenientes de proporcionar lotes con servicios pueden ser reflejados en parte por la diferencia en costos entre la instalación de la infra-estructura por adelantado o la adecuación posterior de comu-nidades no planificadas.

No obstante a todo lo anterior, a menos que sean correctamente planificados, ubicados, diseñados, construidos, utilizados y mantenidos, es probable que los proyectos de aguas residuales tengan un impacto total negativo y no produzcan todos los beneficios para los cuales se hizo todo ese esfuerzo y su inversión, afectando además de forma negativa a otros aspectos del medio ambiente.

DISCUSIÓN

El agua es un compuesto esencial para la vida de animales y plantas. Las funciones vitales están vinculadas al agua, formando parte de todos los organismos en un alto porcentaje, y su presencia es imprescindible en el nivel trófico productor y en la vida de todos los organismos.

Asimismo, el agua es una necesidad y una comodidad; cuando es abundante y saludable, beneficia y enriquece la vida. Por el contrario, cuando no es así, puede constituir una amenaza para la salud y la propia vida. Aunque el agua es un producto muy abundante en nuestro medio natural, no se encuentra en estado puro, sino con gran cantidad de sales minerales disueltas, que hacen necesario un tratamiento adecuado para su posterior consumo humano.

El acceso al agua potable es fundamental para la salud, uno de los derechos humanos básicos y un componente de las políticas eficaces de protección de la salud, constituye una cuestión importante en materia de salud y desarrollo en los ámbitos nacional, regional y local. Y es que el agua potable y su calidad es una cuestión que preocupa en países de todo el mundo, sean éstos desarrollados o no, por la repercusión que su consumo tiene en la salud de la población. Son factores de riesgo los agentes infecciosos, los productos químicos tóxicos y la contaminación radiológica. La experiencia pone de manifiesto el valor de los enfoques de gestión preventivos que abarcan desde los recursos hídricos al consumidor.

A los aspectos microbiológicos, los relacionados con la desinfección, químicos, los relacionados con la aceptabilidad y los aspectos radiológicos, se añade un capítulo sobre la clasificación del agua –apta o no apta para el consumo-, definiendo el término aguas de consumo público como aquellas a las que se da un uso y consumo humano.

Desde el punto de vista legislativo, existe una Directiva Marco del Agua (DMA), nacida de la política del agua en la Unión Europea, con la que pretende garantizar unas normas de seguridad elevadas para el agua potable y reducir los efectos medioambientales negativos de ciertas prácticas agrarias e industriales.

Respecto a las aguas residuales, éstas son residuos líquidos provenientes, por ejemplo, de aseos, baños, duchas o cocinas, etc., que son desechados a las alcantarillas o cloacas. Así pues, las aguas residuales son materiales derivados de residuos domésticos, de procesos industriales o agrícolas, los cuales por razones primordialmente de salud pública no pueden desecharse vertiéndolas sin tratamiento en lagos o corrientes convéncionales. Las etapas del tratamiento de las aguas residuales son 3 (primario, secundario y terciario), junto a los cuales hay tratamientos alternativos como, por un lado, el uso de plantas como proceso de autodepuración y, por otro, biorremediación y biotecnología.

Por último, las aguas también tienen un impacto medioambiental, ya que los contaminantes de las aguas residuales municipales, domésticas o urbanas constituyen, por su importancia, la segunda fuente de contaminación de medios acuáticos en forma de eutrofización. Los desechos humanos sin un tratamiento apropiado, eliminados en su punto de origen o recolectados y transportados, presentan un peligro de infección parasitaria, mediante el contacto directo con la materia fecal, hepatitis y varias enfermedades gastrointestinales, incluyendo el cólera y tifoidea, mediante la contaminación de las fuentes de agua y la comida.

TABLAS Y GRÁFICOS

Tabla 1 Distribución del Agua.

Depósito	Volumen (en millones de km^3)	Porcentaje
Océanos	1370	97.25
Casquetes y glaciares	29	2.05
Agua subterránea	9.5	0.68
Lagos	0.125	0.01
Humedad del suelo	0.065	0.005
Atmósfera	0.013	0.001
Arroyo y ríos	0.0017	0.0001

| Biomasa | 0.0006 | 0.00004 |

Tabla 1.- El agua se distribuye desigualmente entre los distintos compartimentos, y los procesos por los que éstos intercambian el agua se dan a ritmos heterogéneos.

Tabla 2 Tiempo de residencia del agua.

Depósito	Tiempo medio de residencia
Glaciares	20 a 100 años
Nieve estacional	2 a 6 meses
Humedad del suelo	1 a 2 meses
Agua subterránea: somera	100 a 200 años
Agua subterránea: profunda	10.000 años
Lagos	50 a 100 años
Ríos	2 a 6 meses

Tabla 2.- El tiempo de residencia de una molécula de agua en un compartimento es mayor cuanto menor es el ritmo con que el agua abandona ese compartimento o se incorpora a él.

Figura 1 El Ciclo del Agua.

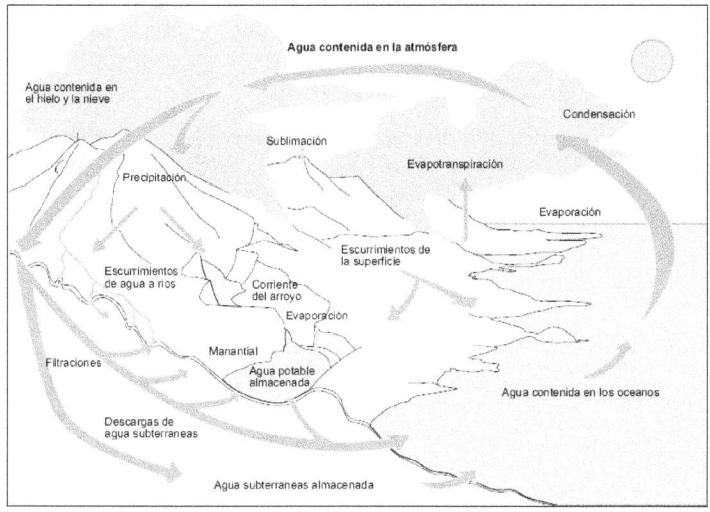

Figura 1.- El Ciclo del Agua.

NORMATIVA CONSULTADA

NORMATIVAS SOBRE CUENCAS Y ORGANISMOS HIDROGRÁFICOS.

- Real Decreto Legislativo 1/2001, de 20 de julio, por el que se aprueba el texto refundido de la Ley de Aguas.
- Ley 10/2001, de 5 de julio, del Plan Hidrológico Nacional.
- Ley 11/2005, de 20 de junio, que modifica la ley 10/2001, de 5 de julio, del Plan Hidrológico Nacional.

NORMAS DE AGUAS SUPERFICIALES DESTINADAS AL CONSUMO HUMANO

- Orden de 11 de mayo de 1988, sobre características de calidad que deben ser mantenidas en las corrientes de agua superficiales cuando sean destinadas a la producción de agua potable.
- Real Decreto 927/1988, de 29 de julio, por el que se aprueba el Reglamento de la Administración Pública del Agua y de la Planificación Hidrológica.
- Real Decreto 1541/1994, de 8 de julio, por el que se modifica el Anexo número 1 del Reglamento de la Administración Pública del Agua y de la Planificación Hidrológica.

NORMAS APLICABLES A LAS AGUAS DE CONSUMO HUMANO

- Real Decreto 140/2003, de 7 de febrero, por el que se establecen los criterios sanitarios de la calidad del agua de consumo humano.
- Orden SCO/1591/2005, de 30 de mayo, sobre el Sistema de Información Nacional de Agua de Consumo.
- Orden SCO/3719//2005, de 21 de noviembre, sobre sustancias para el tratamiento del agua destinada a la producción de agua de consumo humano.
- Decreto 120/1991, de 11 de junio, por el que se aprueba el Reglamento del Suministro domiciliario del Agua.

NORMAS APLICABLES A LAS AGUAS RESIDUALES

- Real Decreto 484/1995, de 7 de abril, sobre medidas de regularización y control de vertidos.
- Real Decreto Ley 11/1995, de 28 de diciembre, por el que se establecen las normas aplicables al tratamiento de aguas residuales urbanas.
- Resolución de 28 de abril de 1995, de la Secretaría de Estado de Medio Ambiente y Vivienda, por la que se dispone la publicación del Acuerdo del Consejo de Ministros de 17 de febrero de 1995, por el que se aprueba el Plan Nacional de Saneamiento y Depuración de Aguas Residuales.

BIBLIOGRAFÍA

- Embid Irijo A, Domínguez Serrano J. "La calidad de las aguas y su regulación jurídica". Madrid: Iustel; 2011.
- Espigares García M, Mariscal Larrubia A, Jurado Chacón D. Aguas residuales. En: Piédrola Gil G, Gálvez Vargas R, Gálvez R, Domínguez Rojas V, Abecia Inchaurregui L C. Medicina preventiva y salud pública. Barcelona: Elsevier; 2013.
- Ferrer J, Seco A. Tratamientos biológicos de aguas residuales. Valencia: Ed. UPV; 2014.
- Ferrer J, Seco A. Tratamiento de aguas. Tomo 1. Introducción a los tratamientos de aguas. Valencia: Ed. UPV; 2011.
- Ferrer J, Seco A. Tratamientos físicos y químicos de aguas residuales. Valencia: Ed. UPV, 2012.
- Informe técnico año 2010. Calidad del agua de consumo humano en España [Recurso electrónico] Madrid: Ministerio de Sanidad, Política Social e Igualdad; 2011.
- Madrid Vicente A. Manual del agua. Ciencia, Tecnología y Legislación. Madrid: AMV Ediciones; 2012.
- Organización Mundial de la Salud. Guías para la calidad del agua potable. Ginebra: OMS; 2014.
- Rodier J. Análisis del Agua. Madrid: AMV Ediciones; 2012.
- Rodríguez Vidal FJ. Procesos de potabilización agua e influencia del tratamiento de ozono. Madrid: Díaz de Santos; 2013.

ANEXOS
DOCUMENTACIÓN COMPLEMENTARIA A ESTA EDICIÓN

Esta Guía se complementa con textos independientes que propor-cionan información básica que refuerza a esta guía y proporciona orientación sobre prácticas correctas para una aplicación eficaz.

Están disponibles como publicaciones físicas y como publicaciones electrónicas que pueden obtenerse en Internet:

(http://www.who.int/water_sanitation_health/dwq/es/index.html)

o en CD-ROM.

Agua, saneamiento y salud (Organización Mundial de la Salud)

Guías para la calidad del agua potable, de la OMS (tercera edición) — en español. Entre las novedades de esta edición de las Guías cabe destacar una ampliación significativa de la información acerca del modo de garantizar la inocuidad microbiológica del agua potable, en particular por medio de planes de salubridad del agua completos y aplicados a sistemas concretos. Se ha actualizado la información relativa a numerosos productos químicos, con el fin de incorporar información científica nueva, y se ha incluido información sobre productos químicos que no se había tenido en cuenta anteriormente. Se proporciona por vez primera información sobre numerosos agentes patógenos transmitidos por el agua.

Assessing Microbial Safety of Drinking Water: Improving Approaches and Methods — en inglés (Evaluación de la salubridad microbiológica del agua de bebida: mejora de los sistemas y métodos) Este libro proporciona un examen actualizado de los sistemas y métodos utilizados para evaluar la salubridad microbiológica del agua de bebida. Orienta sobre la selección y uso de indicadores que complementan a la vigilancia operativa para satisfacer necesidades concretas de información y analiza las posibles aplicaciones de técnicas «nuevas» y métodos emergentes.

Chemical Safety of Drinking-water: Assessing Priorities for Risk Management — en inglés (Salubridad química del agua de bebida: evaluación de las prioridades de la gestión de riesgos) Este documento proporciona instrumentos que ayudan a los usuarios de los sistemas de abastecimiento de agua a realizar una evaluación sistemática —de ámbito local, regional o nacional— de los mismos; a determinar a qué productos químicos se presta atención prioritaria por ser los que tengan probablemente una mayor importancia; a estudiar las posibles formas de controlarlos o eliminarlos; y a examinar o desarrollar normas adecuadas.

Domestic Water Quantity, Service Level and Health — en inglés (El agua para uso doméstico: cantidad, servicio y salud) Esta publicación examina las necesidades de agua en relación con la salud, para determinar las necesidades mínimas aceptables para el consumo (hidratación y elaboración de alimentos) y la higiene básica.

Evaluation of the H2S Method for Detection of Fecal Contamination of Drinking Water — en inglés (Evaluación del método H2S para detectar la contaminación fecal del agua potable) Este informe es un examen crítico de la base científica, la validez, los datos disponibles y otra información relativa al uso de los «análisis de H2S» como medidas o indicadores de contaminación fecal en agua de bebida.

Hazard Characterization for Pathogens in Food and Water: Guidelines — en inglés (Caracterización de los peligros derivados de la presencia de patógenos en los alimentos y el agua: directrices) Este documento, dirigido al personal científico gubernamental e investigativo, proporciona un marco práctico y un método estructurado para la caracterización de los peligros microbiológicos.

Heterotrophic Plate Counts and Drinking-water Safety: The Significance of HPCs for Water Quality and Human Health — en inglés (Recuentos de heterótrofos en placa y salubridad del agua de bebida: importancia de los RHP para la calidad del agua y la salud de las personas) Este documento proporciona una evaluación crítica de la función de la medición de los RHP en la gestión de la salubridad del agua de bebida.

Managing Water in the Home: Accelerated Health Gains from Improved Water Supply — en inglés (Manejo del agua en la vivienda: beneficios acelerados para la salud derivados del abastecimiento de agua mejorado) Este informe describe y examina de forma crítica los diversos métodos y sistemas domésticos de captación, tratamiento y almacenamiento de agua. Evalúa la capacidad de los métodos domésticos de tratamiento y almacenamiento de agua para proporcionar agua de calidad microbiológica mejorada.

Pathogenic Mycobacteria in Water: A Guide to Public Health Consequences, Monitoring and Management — en inglés (Micobacterias patógenas en el agua: una guía para sus consecuencias en la salud pública, monitoreo y gestión) Este libro describe los conocimientos actuales sobre la distribución de Micobacterias medioambientales patógenas (MMP) en el agua y en otras partes del medio ambiente. Incluye descripciones de las vías de transmisión que ocasionan la infección en seres humanos, los síntomas más significativos de las enfermedades que pueden ocasionar las infecciones y los métodos clásicos y modernos de análisis de las especies de MMP. El libro termina con una exposición de los problemas que presenta el control de las MMP en el agua de bebida y la evaluación y la gestión de sus riesgos.

Quantifying Public Health Risk in the WHO Guidelines for Drinking-water Quality: A Burden of Disease Approach — en inglés (Evaluación cuantitativa de los riesgos para la salud pública en las ***Guías de la OMS para la calidad del agua potable***: enfoque basado en la carga de morbilidad) Este informe constituye un documento de trabajo sobre los conceptos y métodos basados en los años de vida ajustados en función de la discapacidad (AVAD) como medida común de la salud pública y su utilidad para la calidad del agua de bebida e ilustra el método aplicado para varios contaminantes del agua de bebida examinados anteriormente utilizando el método de la carga de morbilidad.

Safe Piped Water: Managing Microbial Water Quality in Piped Distribution Systems — en inglés (Salubridad del agua en redes de distribución: gestión de la calidad microbiológica del agua en redes de distribución por tuberías) El desarrollo de redes de tuberías para la distribución a presión de agua de bebida a hogares individuales, edificios y grifos comunitarios es un componente importante que contribuye al progreso y la salud de muchas comunidades. Esta publicación examina la introducción de contaminantes micro-biológicos y la proliferación de microorganismos en redes de distribución y las prácticas que contribuyen a garantizar la salubridad del agua de bebida en los sistemas de distribución por tuberías.

Toxic Cyanobacteria in Water: A Guide to their Public Health Consequences, Monitoring and Management — en inglés (Cianobacterias tóxicas en el agua: una guía sobre sus consecuencias en la salud pública, monitoreo y gestión) Este libro describe los conocimientos actuales sobre el efecto sobre la salud de las cianobacterias transmitidas por medio del uso del agua. Analiza aspectos de la gestión de riesgos y describe la información que se precisa para proteger los recursos de aguas recreativas y aguas de bebida de los peligros para la salud que ocasionan las cianobacterias y sus toxinas. Describe también los conocimientos actuales sobre los aspectos principales del diseño de programas y estudios para el seguimiento de los recursos hídricos y el abastecimiento de agua y describe los métodos y procedimientos utilizados.

Upgrading Water Treatment Plants — en inglés (Mejoramiento de plantas de tratamiento de agua) Este libro es una guía práctica para mejorar la eficacia de las plantas de tratamiento de agua. Será una fuente de información inestimable para los responsables del diseño, operación, mantenimiento o mejora de plantas de tratamiento de agua.

Water Safety Plans — en inglés (Planes de salubridad del agua) Cabe esperar que la mejora de las estrategias de control de la calidad del agua, junto con las mejoras en la eliminación de excrementos y la higiene personal, mejoren substancialmente la salud de la población. Este documento informa sobre estrategias mejoradas para el control y el seguimiento de la calidad del agua de bebida.

Water Treatment and Pathogen Control: Process Efficiency in Achieving Safe Drinking-water— en inglés (Tratamiento del agua y control de patógenos: eficacia de las operaciones de potabilización del agua) Esta publicación comprende un análisis crítico de la bibliografía sobre eliminación e inactivación de microorganismos patógenos en el agua para ayudar a los especialistas en calidad del agua y a los ingenieros que diseñan los sistemas de distribución a tomar decisiones que afectan a la calidad microbiológica del agua.

Otros textos también recomendados:

Arsenic in Drinking-water: Assessing and managing health risks — en inglés (Arsénico en el agua potable: evaluación y gestión de los riesgos para la salud).

Desalination for Safe Drinking-water Supply — en inglés (Desalinización para el suministro de agua potable).

Guide to Hygiene and Sanitation in Aviation — en inglés (Guía para la higiene y saneamiento de aviones).

Guide to Ship Sanitation — en inglés (Guía para el saneamiento de embarcaciones).

Health Aspects of Plumbing — en inglés (Aspectos de la fontanería relativos a la salud).

Legionella and the Prevention of Legionellosis — en inglés (*Legionella* y la prevención de la legionelosis).

Protecting Groundwaters for Health – Managing the Quality of Drinking-water Sources — en ingles (Protección de las aguas subterráneas para la salud: gestión de la calidad de las fuentes de agua de bebida).

Protecting Surface Waters for Health – Managing the Quality of Drinking-water Sources — en ingles (Protección de las aguas superficiales para la salud: gestión de la calidad de las fuentes de agua de bebida).

Rapid Assessment of Drinking-water Quality: A Handbook for Implementation — en inglés (Evaluación rápida de la calidad del agua de bebida: manual de aplicación).

www.ingramcontent.com/pod-product-compliance
Lightning Source LLC
Chambersburg PA
CBHW060401190526
45169CB00002B/697